essentials

T0349530

Essentials liefern aktuelles Wissen in konzentrierter Form. Die Essenz dessen, worauf es als „State-of-the-Art" in der gegenwärtigen Fachdiskussion oder in der Praxis ankommt. Essentials informieren schnell, unkompliziert und verständlich.

- als Einführung in ein aktuelles Thema aus Ihrem Fachgebiet
- als Einstieg in ein für Sie noch unbekanntes Themenfeld
- als Einblick, um zum Thema mitreden zu können.

Die Bücher in elektronischer und gedruckter Form bringen das Expertenwissen von Springer-Fachautoren kompakt zur Darstellung. Sie sind besonders für die Nutzung als eBook auf Tablet-PCs, eBook-Readern und Smartphones geeignet.

Essentials: Wissensbausteine aus Wirtschaft und Gesellschaft, Medizin, Psychologie und Gesundheitsberufen, Technik und Naturwissenschaften. Von renommierten Autoren der Verlagsmarken Springer Gabler, Springer VS, Springer Medizin, Springer Spektrum, Springer Vieweg und Springer Psychologie.

Andreas Kruse

Resilienz bis ins hohe Alter – was wir von Johann Sebastian Bach lernen können

Für alle Interessierten

 Springer

Andreas Kruse
Heidelberg
Deutschland

ISSN 2197-6708   ISSN 2197-6716 (electronic)
essentials
ISBN 978-3-658-08332-8   ISBN 978-3-658-08333-5 (eBook)
DOI 10.1007/978-3-658-08333-5

Die Deutsche Nationalbibliothek verzeichnet diese Publikation in der Deutschen Nationalbiblio-
grafie; detaillierte bibliografische Daten sind im Internet über http://dnb.d-nb.de abrufbar.

Springer
© Springer Fachmedien Wiesbaden 2015
Das Werk einschließlich aller seiner Teile ist urheberrechtlich geschützt. Jede Verwertung, die
nicht ausdrücklich vom Urheberrechtsgesetz zugelassen ist, bedarf der vorherigen Zustimmung
des Verlags. Das gilt insbesondere für Vervielfältigungen, Bearbeitungen, Übersetzungen, Mikro-
verfilmungen und die Einspeicherung und Verarbeitung in elektronischen Systemen.
Die Wiedergabe von Gebrauchsnamen, Handelsnamen, Warenbezeichnungen usw. in diesem
Werk berechtigt auch ohne besondere Kennzeichnung nicht zu der Annahme, dass solche Namen
im Sinne der Warenzeichen- und Markenschutz-Gesetzgebung als frei zu betrachten wären und
daher von jedermann benutzt werden dürften.
Der Verlag, die Autoren und die Herausgeber gehen davon aus, dass die Angaben und Informatio-
nen in diesem Werk zum Zeitpunkt der Veröffentlichung vollständig und korrekt sind. Weder der
Verlag noch die Autoren oder die Herausgeber übernehmen, ausdrücklich oder implizit, Gewähr
für den Inhalt des Werkes, etwaige Fehler oder Äußerungen.

Gedruckt auf säurefreiem und chlorfrei gebleichtem Papier

Springer Fachmedien Wiesbaden ist Teil der Fachverlagsgruppe Springer Science+Business Media
(www.springer.com)

Was Sie in diesem Essential finden können

- Einen einführenden Überblick über Konzepte, Fragestellungen und Ergebnisse psychologischer Resilienzforschung
- Eine Interpretation einzelner Werke Bachs vor dem Hintergrund seiner biografischen Entwicklung
- Psychologische Einblicke in Bachs Entwicklung in Kindheit und Jugend
- Psychologische Einblicke in Bachs Entwicklung im letzten Lebensjahr
- Die Bedeutung der Musik für Bachs Auseinandersetzung mit Grenzsituationen

Vorwort

Die psychologische Analyse des hohen Alters führt uns die hohe psychische Widerstandsfähigkeit vieler Menschen vor Augen, die davor schützt, in belastenden Situationen oder Grenzsituationen psychische Störungen auszubilden. Ältere Menschen, die eine nahestehende Person verloren haben oder bei denen eine chronische, mit Schmerzzuständen verbundene Erkrankung vorliegt, lassen vielfach eine hohe psychische Anpassungsleistung erkennen, die auch im Sinne eines schöpferischen Lebens verstanden werden kann. Das schöpferische Moment liegt darin, dass das Individuum jene Bewältigungsstrategien einsetzt und weiterentwickelt, die es in früheren Lebensabschnitten – in der Auseinandersetzung mit Konflikten, Belastungen oder Traumata – ausgebildet hat und die sich als wirksam erwiesen haben. Diese Bewältigungsstrategien sind auch im Sinne von psychischen Ressourcen zu verstehen, die zur Widerstandsfähigkeit in aktuell belastenden Situationen beitragen. Hinzu tritt eine optimistische, lebensbejahende Haltung des Individuums, deren Ursprung schon in frühen Lebensabschnitten zu suchen ist, die sich aber zugleich in der Auseinandersetzung mit Entwicklungsaufgaben in nachfolgenden Lebensabschnitten immer weiter differenziert und dabei von einer hohen Offenheit für neue Entwicklungsanforderungen und -möglichkeiten bestimmt ist. Die Offenheit, die kathektische Flexibilität – verstanden als Fähigkeit, sich von bestimmten Lebensthemen zu lösen und sich emotional und geistig an neue Lebensthemen zu binden – ist ein weiteres bedeutendes Merkmal von Widerstandsfähigkeit.

Das Leben von Johann Sebastian Bach eignet sich sehr gut dazu, die Entwicklung von Widerstandsfähigkeit im Lebenslauf zu veranschaulichen und deutlich zu machen, wie ausgeprägt diese auch im hohen Alter sein kann und in welchem Maße sich in ihr schöpferische Kräfte im Alter zeigen. Dabei ist die Widerstandsfähigkeit dieses Komponisten nicht ohne die schöpferischen Kräfte zu verstehen, die sich in seinem musikalischen Werk ausdrücken.

Johann Sebastian Bach war in seiner Biografie zahlreichen, schweren und schwersten Belastungen ausgesetzt. Zu nennen sind der Verlust beider Elternteile im zehnten Lebensjahr (sein ältester Bruder nahm Bach nach dem Tod der Eltern bei sich auf), der Tod seiner ersten Ehefrau Maria Barbara in seinem 36. Lebensjahr, der Tod von elf seiner 20 Kinder, die gesundheitlichen Einschränkungen in seinen letzten Lebensjahren und schließlich die Kränkung, dass bereits ein Jahr vor seinem Tod ein Nachfolger für ihn als Thomaskantor bestimmt wurde. Zudem musste sich Bach während seiner gesamten Berufstätigkeit immer wieder mit Vorwürfen auseinandersetzen, die sich vor allem um die Kritik an seiner für die damalige Zeit modernen Musik zentrierten und ihm vor Augen führten, dass seine Begabung und Kreativität von geistlichen und weltlichen Oberen nicht erkannt wurde – eine Tatsache, die ihn sehr schmerzte. Aber in diesen Belastungs- und Grenzsituationen zeigte sich auch die psychische Widerstandsfähigkeit dieses Komponisten. Die Resilienz wurde durch dessen Eingebundensein in unterschiedliche „Ordnungen" gefördert: In die Ordnung der Familie (Johann Sebastian Bach blickte auf befruchtende erste Lebensjahre zurück und auch nach dem Tod seiner Eltern fand er in der Familie Rückhalt), in die Ordnung der Musik, in die Ordnung des Glaubens (die den cantus firmus seiner Kompositionen bildete), in die Ordnung sozialer Beziehungen (hier ist vor allem die Mitverantwortung für nachfolgende Generationen – seine Kinder, Neffen, Schüler – zu nennen). Diese Ordnungen sollten sich über die gesamte Biografie als stabil und damit haltgebend erweisen: eine bedeutende Grundlage für die genannte psychische Widerstandsfähigkeit. Und schließlich entwickelte Johann Sebastian Bach schon früh Eigeninitiative, verwirklichte das Potential zur Selbstgestaltung, war immer offen für neue Eindrücke und Entwicklungen – vor allem in der Musik –, zeigte Fleiß, Engagement, verstand die Musik immer als Ausdruck der Ordnung Gottes in der Welt. Damit schuf er die Grundlage für seine außergewöhnliche Produktivität und Kreativität bis in die letzte Lebensphase.

Es ist dies ein Leben, das veranschaulicht, wie sehr die Lebens- und Werkleistungen den Alternsprozess mitformen, wie sehr diese Leistungen helfen können, die Grenzsituationen im Alter – vor allem die Verletzlichkeits- und Endlichkeitserfahrung – innerlich zu überwinden.

In dem von mir verfassten Buch „Die Grenzgänge des Johann Sebastian Bach – Psychologische Einblicke" (1. Auflage 2013, 2. Auflage 2014) gehe ich ausführlich auf die Entwicklung von Resilienz und Kreativität im Lebenslauf von Johann Sebastian Bach ein, diskutiere diese psychologisch und wende mich dabei vor allem den letzten Lebensjahren des Komponisten zu. In diesem Buch versuche ich auch eine Anthropologie des Alters zu entwickeln, die die Verletzlichkeit des alten Menschen ebenso in den Blick nimmt wie dessen emotionale und geistige Ressourcen sowie dessen Entwicklungspotenziale. Die körperliche Verletzlichkeit schließt derartige Ressourcen, schließt derartige Entwicklungsprozesse, schließt das schöpferische Leben keinesfalls aus, sondern kann in günstigen Fällen – zu denen vor allem die Widerstandsfähigkeit des Menschen, zugleich aber Eingebundensein und Teilhabe gehören – sogar Entwicklungsanstöße geben.

Dem Verlag danke ich für die Möglichkeit, wesentliche Aussagen des Buches in der Publikationsreihe „Essentials" vorstellen zu dürfen.

Heidelberg, im September 2014 Andreas Kruse

Einleitung

Die Aufrechterhaltung einer positiven, wenn nicht sogar optimistischen Lebenseinstellung und Zukunftsperspektive trotz gegebener Einschränkungen und Belastungen wird in der Alternsforschung zum einen als Merkmal psychischer Widerstandsfähigkeit (Resilienz), zum anderen als humanes Potenzial für unsere Gesellschaft gedeutet, denn: Auch in Bezug auf die innere Auseinandersetzung des Menschen mit Grenzen des Lebens kann man von älteren Menschen lernen. In den Worten des römischen Philosophen Annaeus Seneca (4 v. Chr.–65 n. Chr.):

> Die Mühen eines rechtschaffenen Bürgers sind nie ganz nutzlos. Er hilft schon dadurch, dass man von ihm hört und sieht, durch seine Blicke, seine Winke, seine wortlose Widersetzlichkeit und durch seine ganze Art des Auftretens. Wie gewisse Heilkräuter, die – ohne dass man sie kostet oder berührt – schon durch ihren bloßen Geruch Heilung bewirken, so entfaltet die Tugend ihre heilsame Wirkung auch aus der Ferne und im Verborgenen. (Seneca, 58/1980, S. 25)

Übertragen wir diese Aussagen auf das Leben des Johann Sebastian Bach. In seiner Biografie finden sich zahlreiche – vielfach stark ausgeprägte – Belastungen: Mit neun Jahren verliert er zuerst die Mutter, danach den Vater. Er wächst dann fünf Jahre bei seinem ältesten Bruder auf, bevor er mit einem engen Schulfreund nach Lüneburg aufbricht, um dort einer Kantorei beizutreten und die Lateinschule zu besuchen. Im relativ jungen Erwachsenenalter verliert er seine erste Frau und muss nun alleine für vier Kinder sorgen. Zudem sterben elf seiner 20 Kinder unmittelbar nach Geburt oder im frühen Alter.

Und im letzten Lebensjahr? Der zunehmende Verlust seines Augenlichts bis hin zur Erblindung, die Häufung schwerer körperlicher Krankheitssymptome, die Nachricht, dass schon zu seinen Lebzeiten ein Nachfolger als Thomaskantor bestimmt werde, die Angriffe von Musikgelehrten auf sein Verständnis von Musik stellen Einschränkungen und Belastungen dar, die ebenfalls die psychischen Ressourcen in hohem Maße forderten.

Aber: In seiner Musik begegnet man immer wieder einer Innerlichkeit, einer Frömmigkeit, auch einer Freude und Hoffnung, die neben allem Ernst und aller Trauer stehen! Vor allem erkennt man hier den Glauben an die göttliche Ordnung, die feste Überzeugung: „Eine feste Burg ist unser Gott". Und man merkt die (allerdings nicht ungetrübte) Freude in und an seiner Familie sowie an seinen Schülern, zudem die häufig zuteilwerdende Anerkennung als Komponist, Organist und Violinist.

Es gibt in Bachs Leben also manches, was ihm hilft, mit Verlusten und Rückschlägen, schließlich mit gesundheitlichen Grenzsituationen umzugehen und diese innerlich zu überwinden. Aber schon früh – bereits ab seinem zehnten Lebensjahr – war er gezwungen, große Verluste, Einschnitte in sein Leben zu ertragen. Dies scheint ihm gelungen zu sein, wenn man bedenkt, dass er mit 15 Jahren – nämlich mit der Entscheidung, sich um ein Stipendium in Lüneburg zu bemühen – sein Leben in die Hand nimmt. Diese Entwicklungen werden dazu beigetragen haben, dass er im Alter gefasst auf Anforderungen blicken konnte, die das Leben an ihn richtete. Und wenn man bedenkt, dass in seinem letzten Lebensjahr, ja, in den letzten Lebensmonaten ein neuer Schüler aufgenommen wurde, zu seiner Familie ziehen konnte: Da kommt eine freundliche Haltung gegenüber anderen Menschen zum Ausdruck, die vielleicht stellvertretend für seine Lebenshaltung steht.

Die Tatsache, dass Johann Sebastian Bach in seiner Kindheit mit Schicksalsschlägen konfrontiert war, legt die Frage nahe, wie es ihm gelingen konnte, im Jugendalter eine bemerkenswerte Eigeninitiative zu entwickeln, die auf seinen Willen und seine Fähigkeit zur Selbstgestaltung und Weltgestaltung hinweist, im 18. Lebensjahr seine Matura abzulegen und bis zu diesem Zeitpunkt eine musikalische Meisterschaft zu entwickeln, die es ihm erlaubte, sich auf anerkannte Organistenstellen zu bewerben. Der Versuch, diese Entwicklung besser zu verstehen, führt uns in das Gebiet der Resilienzforschung.

Inhaltsverzeichnis

Konzepte, Fragestellungen und Ergebnisse psychologischer Resilienzforschung

1

Resilienz (aus dem Lateinischen: resilire = abprallen, zurückspringen) beschreibt die Fähigkeit des Menschen, Schicksalsschläge zu überstehen und sich trotz der traumatischen Erlebnisse weiter zu entwickeln. Im Prozess der inneren Auseinandersetzung mit diesen Erlebnissen gelangt das Individuum allmählich dahin, das Geschehene anzunehmen, mit diesem zu leben und sich dem Leben wieder bejahend zuzuwenden.

Resilienz wird in der psychologischen Literatur als eine spezifische Form von Plastizität interpretiert. Sie umschreibt die Aufrechterhaltung eines bestehenden oder die Wiederherstellung eines früheren Anpassungs- und psychischen Funktionsniveaus; dieser Vorschlag findet sich zum Beispiel in Arbeiten von Michael Rutter (1990, 2008). In ganz ähnlicher Richtung argumentiert Block in seinem persönlichkeitspsychologischen Modell, das Ego-Resilienz im Sinne einer stabilen Persönlichkeitseigenschaft („trait") definiert, die mit Überzeugungen von Kontrolle und Selbstwirksamkeit, aktiven Auseinandersetzungsformen und effektiver Selbstregulation einhergeht (Block und Block 1980).

Die mit dem Begriff der Resilienz bezeichneten Veränderungspotentiale können zum einen auf psychische Ressourcen der Person, zum anderen auf fördernde oder unterstützende Merkmale der Lebenssituation sowie der Umwelt zurückgeführt werden (Cicchetti 2010). In Bezug auf die psychischen Ressourcen der Person ist eine Aussage von William Stern aus dem Jahre 1923 von Interesse, mit der er die „Plastik" des Menschen umschreibt:

© Springer Fachmedien Wiesbaden 2015
A. Kruse, *Resilienz bis ins hohe Alter – was wir von Johann Sebastian Bach lernen können*, essentials, DOI 10.1007/978-3-658-08333-5_1

Das, was wir die Bildsamkeit oder Plastik der Person nennen, ist nicht ein beliebiges Sichknetenlassen oder Umformenlassen, sondern ist wirkliche Eigendisposition mit aller inneren Aktivität, ist ein Gerichtet- oder Gerüstetsein, welches die Nachwirkungen aller empfangenen Eindrücke selbst zielmäßig auswählt, lenkt und gestaltet.

Das von Situation zu Situation unter Umständen unterschiedliche Auswählen und Gestalten der zu empfangenden Eindrücke und der ihnen entsprechenden Antworten ist Merkmal der Plastizität. Diese kann bestimmten Dauerfolgen extremer Lebenslagen vorbeugen; Verhalten und Handeln des Individuums dürfen somit nicht losgelöst von dessen aktiver Rolle betrachtet werden.

Den Beginn der Resilienzforschung bilden psychologische Arbeiten von Jack Block aus den 1950er-Jahren. Als erste große empirische Studie zur Resilienz ist die Kauai-Längsschnittstudie der Entwicklungspsychologin Emmy E. Werner zu nennen, die 1971 mit einer vielbeachteten Publikation der Studienergebnisse an die Öffentlichkeit trat (Werner, 1971).

In dieser Studie wurden mehr als 500 Kinder über einen Zeitraum von 30 Jahren in ihrer Entwicklung beobachtet (Werner und Smith 1982, 2001). Ein Drittel der Kinder war besonderen Risiken ausgesetzt (Geburtskomplikationen, Armut, dysfunktionale Familienverhältnisse, niedriges Bildungsniveau der Mutter). Von den risikobelasteten Kindern entwickelten sich zwei Drittel bis ins Jugendalter hinein mit erheblichen Problemen; sie zeigten unter anderem Lern- und Verhaltensstörungen, psychische Probleme und Gesetzesübertretungen. Das andere Drittel entwickelte sich hingegen mit Blick auf Verhaltenskompetenz, Anpassungsfähigkeit und Initiativebereitschaft positiv. Im weiteren Verlauf unterschieden sich beide Gruppen in einer Vielzahl von Umständen: „Resiliente Kinder" – d. h. Kinder, bei denen vorhandene Risikofaktoren nicht die erwartete Wirkung zeigten – waren gesünder, Trennungen von Bezugspersonen waren seltener, ihr nächstes Geschwister wurde mindestens zwei Jahre nach ihnen geboren, sie wurden besser von ihren Bezugspersonen begleitet und betreut, wiesen bessere Schulleistungen und bessere Beziehungen zu Gleichaltrigen auf, zeigten als Jugendliche ein höheres Selbstbewusstsein, lebten aber gleichzeitig auch in besser strukturierten Haushalten. Diese Entwicklung setzte sich in den meisten Fällen bis ins Erwachsenenalter fort, wenngleich es auch Anzeichen gab, dass resiliente Personen auf Belastungen vulnerabel reagierten, insbesondere bei familiären Problemen. Auch unter risikobelasteten Kindern, die noch im Jugendalter erhebliche Probleme hatten, zeigten sich häufig positive Entwicklungen im Erwachsenenalter, nur bei einer kleineren Gruppe persistierten gravierende Probleme. Insgesamt deuten die Ergebnisse dieser Studie darauf hin, dass psychische Widerstandsfähigkeit oder Resilienz als Komplex ganz unterschiedlicher Bedingungen aufzufassen ist, von denen einige persönliche Merkmale der Kinder, andere Umgebungsfaktoren beinhalten. Resilienz ist demzufolge also nicht als eine Persönlichkeitseigenschaft zu konzipieren (Staudinger et al. 1995).

In einer Untersuchung zur späteren Entwicklung von Londoner Kindern, die im frühen Kindesalter wegen der Bombardierung englischer Städte durch die deutsche Luftwaffe im Jahre 1940 in Säuglings- und Kinderheimen auf dem Land untergebracht waren, fanden sich keine Hinweise auf eine Beeinträchtigung der psychischen oder sozialen Entwicklung (Maas 1963, Werner 2001). Zu ähnlichen Ergebnissen kamen Coeper, Hagen und Thomae (1964) in einer zwischen 1953 und 1961 durchgeführten Längsschnittuntersuchung an deutschen Nachkriegskindern. In dieser Studie war es möglich, eine Stichprobe von insgesamt 3.000 Kindern aus verschiedenen Groß- und Mittelstädten sowie einem Landkreis einmal jährlich medizinisch, pädagogisch und psychologisch zu untersuchen. Dabei galt die Aufmerksamkeit vor allem dem Vergleich der Teilstichprobe jener Kinder, die in besonderem Maße von den politischen Umwälzungen der Nachkriegszeit betroffen waren, d. h. den sog. „Flüchtlingskindern", mit Gleichaltrigen, die unter vergleichsweise günstigeren Bedingungen aufgewachsen waren. Die Ergebnisse der Studie sprechen gegen die Annahme, dass sich unmittelbare Lebensgefahr etwa infolge von Kriegseinwirkungen oder wochenlanger Flucht negativ auf die Entwicklung der Kinder ausgewirkt hätte: Während der achtjährigen Beobachtungszeit unterschieden sich die Flüchtlingskinder weder in ihrer körperlichen noch in ihrer psychischen und schulischen Entwicklung von „einheimischen" Kindern, was ebenso wie die Ergebnisse von Maas (1963) als ein deutlicher Hinweis auf die Plastizität der menschlichen Psyche bzw. auf psychische Widerstandsfähigkeit oder Resilienz zu werten ist.

Gegenstand der Bielefelder Invulnerabilitätsstudie (Lösel und Bender 1999) ist der Vergleich psychisch belasteter mit resilienten Jugendlichen, die beide in Heimen der Jugendwohlfahrtspflege aufwuchsen, also einem „Multiproblem-Milieu", das durch unvollständige Familien, Armut, Erziehungsdefizite, Alkoholmissbrauch und Gewalttätigkeit gekennzeichnet war. Den Ergebnissen dieser Studie zufolge zeichnen sich resiliente Jugendliche vor allem durch größere persönliche Ressourcen aus, z. B. durch aktivere Bewältigungsstile, ein geringeres Maß an erlebter Hilflosigkeit und eine positive Selbstevaluation. Zusammen mit Merkmalen des institutionellen sozialen Klimas und sozialer Unterstützung (im Sinne von sozialen Ressourcen) ergaben sich in der Studie interaktive und synergetische Effekte zwischen verschiedenen protektiven Faktoren. Auch die Ergebnisse der Mannheimer Risikokinderstudie (Laucht et al. 1999) sprechen dafür, dass eine Kumulation von Risikofaktoren die weitere Entwicklung nicht negativ beeinflussen muss, vielmehr bei einem erheblichen Teil der Jugendlichen „normale" Entwicklungsprozesse zu beobachten sind. Des Weiteren wurde auch in dieser Studie deutlich, dass Risikofaktoren ihre Wirkung zum Teil in Abhängigkeit von Persönlichkeitsmerkmalen, zum Teil in Abhängigkeit von Umweltmerkmalen entfalten, Resilienz also eher Merkmal einer Person-Umwelt-Konstellation denn Merkmal der Person ist. Besondere Bedeutung mit Blick auf das Verständnis von Resilienz haben Studien von Glen Elder (1974) gewonnen, der den Lebenslauf von Kindern – aus ganz unterschiedlichen Sozialschichten – untersuchte, deren Familien durch die Great Depression (1929–1941) in Armut geraten waren. Die Grundlage seiner Analyse bildeten Daten der Berkeley-Längsschnittstudie. Glen Elder konnte unter anderem zeigen, dass Armut auf Kinder der amerikanischen Mittelschicht nur in den selteneren Fällen negative Auswirkungen hatte. Eher waren positive Auswirkungen erkennbar – ein Befund, der Glen Elder zu der Annahme führte, dass Kinder auch unter einschränkenden Lebensbedingungen wachsen können, vorausgesetzt, sie erfahren in ihrer Familie Zuspruch, Bekräftigung, Unterstützung. Der familiäre Zusammenhalt erwies sich auch in dieser Studie als wichtige Bedingung der Widerstandsfähigkeit.

In den erwähnten Studien ließen sich jeweils schützende (oder protektive) personale und soziale Faktoren nachweisen, die sich positiv auf die Bewältigung von Belastungen und Schicksalsschlägen auswirken. Zu den personalen Faktoren sind vor allem Problemlösefähigkeiten, Bindungsfähigkeit und hohes Engagement (im Sinne des Investments geistiger, emotionaler und körperlicher Energien) zu rechnen. Zu den sozialen Faktoren zählen soziales Eingebunden-Sein, emotional lebendige und unterstützende Kommunikation innerhalb und außerhalb der Familie, tragfähige Beziehungen zu Mitschülerinnen und Mitschülern, Rollenmodelle in der Familie und in der Schule (Lösel und Bender 1999, Werner und Smith 2001).

Auch die Selbstregulation wird in neueren Untersuchungen als eine bedeutende Ressource der Person beschrieben, wobei Selbstregulation vor allem im Sinne der Aufmerksamkeit, der Achtsamkeit, der Kontrolle von Erregung, Emotionen und Verhalten sowie der Zieldefinition und Zielverfolgung verstanden wird. Der englische Psychiater Sir Michael Rutter, einer der Nestoren der Resilienzforschung, hebt hervor, dass für das Verständnis der Widerstandsfähigkeit auch die Art und Weise wichtig ist, wie das Individuum eine objektiv gegebene Belastung deutet (als Bedrohung oder als Herausforderung), wie es auf diese Belastung antwortet (Planung und aktive Auseinandersetzung oder Akzeptanz oder Resignation) und inwieweit diese Antwort der gegebenen Problemsituation angemessen ist oder nicht (Rutter 2008).

Wie Rosemarie Welter-Endelin und Hildenbrand (2012) hervorheben, entwickeln Kinder und Jugendliche in den Fällen einer schweren Erkrankung oder des Verlusts der Eltern nicht selten ein bemerkenswertes Maß an Bezogenheit, Kompetenz und Hilfsbereitschaft gegenüber ihren jüngeren Geschwistern, was vor allem der erlebten Verantwortung diesen gegenüber geschuldet ist. In diesem Zusammenhang ist auch der Hinweis auf das von Emmy Werner (2001) veröffentlichte Buch *Unschuldige Zeugen* wichtig, in dem diese Entwicklungspsychologin – die den Zweiten Weltkrieg als Kind in Deutschland erlebt hat – auf einzelne Kinderschicksale eingeht, die durch frühe Verantwortungsübernahme für jüngere Geschwister und dadurch mitbedingte kognitive, emotionale und soziale Kompetenz imponierten. Welter-Endelin und Hildenbrand (2012) weisen schließlich auf das Phänomen der „Familien-Resilienz" hin, mithin auf die Widerstandsfähigkeit aller Mitglieder einer Kernfamilie, die das Ergebnis engen familiären Zusammenhalts, hoher Identifikation aller Mitglieder mit der Zukunft der Familie, offener Kommunikation und gegenseitiger Unterstützung bildet. Gerade darin zeigt sich die Notwendigkeit, Resilienz auch als Ergebnis der Wechselwirkung zwischen Person und sozialer Umwelt zu verstehen.

Es sei an dieser Stelle ein Aspekt genannt, der vor allem in frühen Arbeiten der Psychiaterin und Psychoanalytikerin Annemarie Dührssen (1916–1998) wiederholt akzentuiert wurde und der in der modernen Resilienzforschung eher in den Hintergrund tritt: Annemarie Dührssen hob in ihren Arbeiten zur psychischen Widerstandsfähigkeit jener Kinder und Jugendlichen, die den Zweiten Weltkrieg miterlebt hatten, vor allem die protektive Bedeutung der emotionalen Bindung an einen nahestehenden Menschen, aber auch an bestimmte Interessen, an bestimmte Orte hervor: Wenn in Zeiten hoher psychischer Belastung in Kindheit und Jugend diese emotionale Bindung bestand, so war damit ein schützender Faktor vor den schädigenden Folgen dieser Belastung gegeben (Dührssen 1954).

Angesichts der vorliegenden Studien zur Entwicklung im Erwachsenenalter kann als gesichert angesehen werden, dass der Alternsprozess mit einer erhöhten Auftrittswahrscheinlichkeit unterschiedlicher Belastungen verbunden ist, dass aber zugleich die Zufriedenheitswerte im Alter nicht geringer und Belastungsstörungen sowie somatoforme Störungen nicht häufiger sind. Dieser Sachverhalt wurde und wird in der gerontologischen Forschung als erklärungsbedürftig angesehen, zumal empirische Untersuchungen belegen, dass mit zunehmendem Alter vergleichsweise mehr Entwicklungsverluste und vergleichsweise weniger Entwicklungsgewinne erfahren und antizipiert werden (Heckhausen et al. 1989). Das so genannte Zufriedenheitsparadoxon, demzufolge sich eine objektive Verschlechterung der Lebenssituation nicht auf die subjektive Bewertung der Situation auswirkt, ist also nicht einfach als eine selbstwertdienliche Verzerrung von Realität im Alter zu interpretieren. Als mögliche Erklärung wird auch hier die psychologische Widerstandsfähigkeit oder Resilienz intensiv diskutiert (Greve und Staudinger 2006).

Kindheit und Jugend Johann Sebastian Bachs aus der Perspektive der Resilienzforschung

2

Der Tod war allgegenwärtig in jener Zeit, in der Johann Sebastian Bach lebte. Er bildete in jeder Familie ein bedeutsames Thema. Und doch: Mit neun Jahren Vollwaise zu sein und erleben zu müssen, dass sich die Herkunftsfamilie auflöst, stellte auch in der damaligen Zeit eine außergewöhnliche Belastung dar. Dies war bei aller Gegenwärtigkeit des Todes etwas Extremes. Das Leid muss, wie es Christian Wolff (2009) in seiner bedeutenden Bach-Monografie ausgedrückt hat, in der Tat unermesslich gewesen sein.

Hinzu kommt der Tod des von Ambrosius Bach, Vater des Johann Sebastian Bach, geliebten Bruders – ein Ereignis, das die Familie Bach, und damit auch Johann Sebastian, gleichfalls schwer getroffen haben muss. Von daher liegen hier jene Bedingungen vor, die den Ausgangspunkt der Resilienzforschung bilden: Höhe psychische Belastungen, vermutlich sogar eine Traumatisierung des jungen Johann Sebastian Bach. Wenn wir aber auf dessen weiteren Lebensweg blicken, fällt auf: Er zeigt auch weiterhin ein hohes schulisches Leistungsvermögen, er vertieft sich ganz in die Musik, er bringt es schon bald zur Meisterschaft auf dem Gebiet der Musik und er entwickelt schon früh eine bemerkenswerte Eigeninitiative mit Blick auf die Definition und Verwirklichung von Lebenszielen.

Inwiefern helfen nun die in der Resilienzforschung beschriebenen personalen und sozialen Ressourcen, diese positive Entwicklung zu erklären? Zunächst ist hier eine Aussage Christian Wolffs (2009) aufzugreifen: „Innerhalb einiger weniger Monate wurde Ambrosius Bachs Familie in alle Winde zerstreut, aber sofort setzte die bereits bewährte gegenseitige Familienunterstützung ein" (S. 38), heißt es in seiner Monografie über Johann Sebastian Bach.

© Springer Fachmedien Wiesbaden 2015
A. Kruse, *Resilienz bis ins hohe Alter – was wir von Johann Sebastian Bach lernen können*, essentials, DOI 10.1007/978-3-658-08333-5_2

Damit ist eine Besonderheit der Familie Bach (übrigens nicht erst in der Generation Ambrosius und Johann Sebastian Bachs, sondern auch schon in den vorangegangenen Generationen) genannt, die aus Sicht der Resilienzforschung großes Gewicht für die Bewältigung der erfahrenen Schicksalsschläge besitzt. Hervorzuheben ist hier vor allem die Bereitschaft Johann Christoph Bachs, Johann Sebastian bei sich aufzunehmen und für eine gute schulische wie auch für eine gute musikalische Ausbildung seines Bruders zu sorgen.

Noch eine weitere Aussage aus der Bach-Monografie Christian Wolffs, die sich allerdings auf Johann Sebastian Bachs Vater Ambrosius bezieht, soll hier angeführt werden:

> Dennoch fand er, wie zuvor andere schicksalsgeprüfte Familienmitglieder, einen pragmatischen Weg aus seiner Misere. Er erinnerte sich an Barbara Margaretha, die sechsunddreißigjährige Witwe seines verstorbenen Vetters Johann Günther in Arnstadt, Tochter des Arnstädter Bürgermeisters Caspar Keul. (S. 35).

Damit ist ein mögliches Rollenmodell für Johann Sebastian Bach angesprochen, und zwar in der Hinsicht, dass dieser schon früh miterlebte, wie sein Vater in belastenden Situationen handelte: lösungs-, bewältigungs-, mitverantwortungsorientiert (letzteres Merkmal bezieht sich auf die erlebte Verantwortung für die Familie), ohne dabei die Trauer unterdrücken zu wollen und zu können. Dieses Rollenmodell, ebenso wie der enge Zusammenhalt der Familie, werden Johann Sebastian Bach beeinflusst haben, wenn man bedenkt, wie er später den Tod seiner ersten Ehefrau, Maria Barbara, zu verarbeiten versuchte und welches Maß an Hilfsbereitschaft er Familienangehörigen zuteil werden ließ, wenn diese in Not gerieten.

Schließlich seien personale, aus der Sicht der Resilienzforschung in hohem Maße bewältigungsförderliche Ressourcen genannt, von denen schon früh im Leben Johann Sebastian Bachs ausgegangen werden konnte: Aufmerksamkeit, Achtsamkeit, Intelligenz, Kontrolle von Erregungen, Emotionen und Verhalten. Wie aber lässt sich diese Annahme begründen? Die guten schulischen Leistungen – auch bei hohen Fehlzeiten – lassen auf Intelligenz, Aufmerksamkeit und Achtsamkeit schließen, ebenso die Tatsache, dass es Johann Sebastian Bach schon in den ersten Schuljahren gelungen ist, schulische, familiäre und (in Unterstützung seines Vaters) musikalische Aufgaben miteinander zu verbinden. Zudem hat Johann Sebastian Bach schon früh die Proben miterlebt, die sein Vater zu Hause abgehalten hat, und dabei die Möglichkeit gehabt, mit Menschen außerhalb seiner Familie zusammenzukommen, diese bei der Ausübung der Musik zu beobachten und sich gegebenenfalls sogar selbst in die Probenmusik einzubringen (es ist zu bedenken, dass Johann Sebastian Bach schon von den frühesten Jahren, sozusagen von Kindesbeinen an Instrumentalunterricht durch seinen Vater erhielt). Diese Begegnungen, diese Interaktionen in der Musik und über die Musik werden sich sicherlich positiv auf die Kontrolle von Erregungen, Emotionen und Verhalten ausgewirkt haben.

Es ist weiterhin zu bedenken, dass Johann Sebastian Bach sehr früh mit einer reichen musikalischen Welt in Berührung kam (hier sei auf die Stadtpfeifer hingewiesen, die regelmäßig in seinem Elternhaus probten) und Instrumentalunterricht erhielt, sodass er schon von Kindesbeinen an in eine geistige Ordnung hineinwuchs, die ausschlaggebendes Gewicht für seine weitere seelisch-geistige Entwicklung annehmen sollte. Abgesehen davon wird das frühe Erlernen von Instrumenten dazu beigetragen haben, das Vertrauen in die eigene Kompetenz zu fördern – eine für die Bewältigung von Anforderungen zentrale Erfahrung.

Die religiöse Bindung der Familie Bach, die bereits über Generationen bestand und die sich auch in der Kernfamilie Johann Sebastian Bachs fortsetzte, darf in ihrer Bedeutung für das Vertrauen ebenfalls nicht unterschätzt werden – diesmal für das Vertrauen in Gott und in die göttliche Ordnung. Die musikalischen Werke Bachs sprechen in allen Phasen seines Werkschaffens für die Vertrautheit, für die Identifikation mit Glaubensinhalten – eine Vertrautheit, eine Identifikation, die ihre Wurzeln vermutlich schon in Kindheit und Jugend hat.

Somit stellt sich der geistige und sozioemotionale Kontext Johann Sebastian Bachs in seinen frühen Lebensjahren als vertrauensgebend dar, obwohl die beiden wichtigsten Bezugspersonen – Mutter und Vater – aus diesem Kontext gerissen wurden.

Der Tod der Maria Barbara Bach – Musik als Ort der inneren, der religiösen Verarbeitung

In die Zeit des Wechsels von Arnstadt nach Mühlhausen fallen Bekanntschaft und Liebe zur Sängerin Maria Barbara Bach (geboren am 20. Oktober 1684), der Cousine zweiten Grades von Johann Sebastian Bach. Deren Vater war als Organist und Stadtschreiber in Gehren tätig gewesen, jedoch zum Zeitpunkt der Bekanntschaft seiner Tochter mit Johann Sebastian Bach bereits verstorben.

Nach Aufnahme seines Dienstes in der St. Blasiuskirche zu Mühlhausen – übrigens mit einem deutlich höheren Gehalt als seine Vorgänger und Nachfolger ausgestattet – sah Johann Sebastian Bach jene beruflichen, vor allem jene materiellen Rahmenbedingungen verwirklicht, die die Gründung einer Familie erlaubten: Am 17. Oktober 1707 heiratete er in der Kirche St. Bartholomäus in Dornheim (einem nur wenige Kilometer von Arnstadt entfernten Ort) Maria Barbara.

> Den 17.8br 1707. ist der Ehrenveste Herr Johann Sebastian Bach, ein lediger gesell und Organist zu S. Blasii in Mühlhausen, des weyland wohl Ehren vesten Herrn Ambrosii Bachen berühmten Stad organisten und Musici in Einsenach Seelig nachgelaßener Eheleiblicher Sohn, mit der tugend samen Jungfer Marien Barberen Bachin, des weyland wohl Ehrenvesten und Kunst berühmten Herrn Johann Michael Bachens, Organisten in Amt Gehren Seelig nachgelaßenen jüngsten Jungfer Tochter, alhier in unserm Gottes Hause, auff Gnädiger Herschafft Vergünstigung, nachdem Sie zu Arnstad auff gebothen worden, copuliret worden. (Bach-Dokumente II, 29)

Aus dieser Ehe gingen sieben Kinder hervor, von denen drei bei der Geburt beziehungsweise kurz nach der Geburt starben.

In den ersten Juli-Tagen des Jahres 1720 starb auch Maria Barbara Bach (ihr genaues Todesdatum ist nicht bekannt), am 7. Juli 1720 wurde sie beerdigt. Sie selbst

© Springer Fachmedien Wiesbaden 2015
A. Kruse, *Resilienz bis ins hohe Alter – was wir von Johann Sebastian Bach lernen können*, essentials, DOI 10.1007/978-3-658-08333-5_3

und Johann Sebastian Bach standen zum Zeitpunkt ihres Todes im 36. Lebensjahr, die Trauung lag zwölfeinhalb Jahre zurück. In der inneren (und dies heißt bei Johann Sebastian Bach auch: in der religiösen) Auseinandersetzung mit dem Tod Maria Barbaras verdichtete sich die bis dahin zurückgelegte Entwicklung im Glauben. Diese Auseinandersetzung hat zugleich die weitere Entwicklung angestoßen, die sich bei Johann Sebastian Bach um die wachsende Integration der Ordnung des Lebens und der Ordnung des Todes zentrierte (siehe hier das Lutherwort: „Media in vita in morte sumus, kehrs umb! Media in morte in vita sumus", übersetzt: „Mitten wir im Leben sind vom Tode umfangen, kehr es um! Mitten im Tode wir sind vom Leben umfangen") – um eine Thematik also, die bis zum Ende seines Lebens besondere Bedeutung behalten sollte. In vielen musikgeschichtlichen Werken wird an dem Tod Maria Barbaras geradezu vorbeigegangen. Ihr Tod wird zwar erwähnt, aber sofort folgt der Zusatz, dass Johann Sebastian Bach am 3. Dezember 1721 Anna Magdalena Wilcke geheiratet habe. Die mangelnde Beschäftigung vieler Musikwissenschaftler mit den persönlichen Folgen, die dieser Verlust für Johann Sebastian Bach hatte, ist der Tatsache geschuldet, dass von Maria Barbara Bach und deren Ehe mit Johann Sebastian Bach nur sehr wenig überliefert ist, man somit rasch ins Spekulieren gerät.

Hier ist der Blick auf ein Werk Johann Sebastian Bachs – nämlich die Chaconne aus der Partita Nr. 2 d-Moll für Violine solo (BWV 1004) – wichtig, das kurz nach dem Tod der Maria Barbara entstanden ist und das in der Musikwissenschaft als Tombeau oder Epitaph, mithin als musikalisches Grabmal für Maria Barbara Bach gedeutet wird (das Wort Tombeau stammt aus dem Französischen, le tombeau = Grabmal; das Wort Epitaph stammt aus dem Altgriechischen, ἐπιτάφιον, beziehungsweise aus dem Lateinischen, epitaphium = ein an die Verstorbene oder den Verstorbenen erinnerndes Denkmal).

Die Tombeau- beziehungsweise Epitaph-These (siehe vor allem Thoene 1994, 2003) führt in besonderer Weise vor Augen, wie intensiv die seelische und geistige, wie intensiv die religiöse Auseinandersetzung Johann Sebastian Bachs mit dem Tod seiner Frau gewesen ist und wie sehr ihm die Musik dabei diente, diesen seelischen und geistigen, diesen religiösen Prozess auszudrücken.

Dabei ist die Analyse von Helga Thoene wichtig, die darauf hindeutet, dass die Chaconne ein Epitaph für Maria Barbara Bach bildet. Die von Christoph Rueger (2003) getroffene Aussage, wonach die Musik Johann Sebastian Bach in der Auseinandersetzung mit dem Tod seiner Frau auch deswegen Halt gegeben habe, da sie für ihn Brücke zur anderen Welt gewesen sei, der Maria Barbara Bach nun angehöre, ist in diesem Zusammenhang von besonderem Interesse. Denn die engen Zusammenhänge zwischen der Chaconne und zahlreichen Chorälen, die Helga Thoene in ihrer Analyse aufdeckt, fordern geradezu eine derartige Aussage heraus:

Johann Sebastian Bach scheint in der Tat die innere Verarbeitung dieses Verlustes auf eine religiöse Ebene zu heben.

Dabei wäre es falsch, würde man die Verarbeitung auf einer religiösen Ebene mit dem Begriff der „Verklärung" umschreiben, oder würde man darin gar eine „Verdrängung" sehen wollen. Die Chaconne macht nämlich deutlich, dass von Verklärung, dass von Verdrängung nicht die Rede sein kann. Der Rahmenteil dieses Werkes spricht vielmehr für Erschütterung, Trauer, Getroffensein, man kann auch sagen: für die Ordnung des Todes. Wenn wir uns der Annahme anschließen, dass es sich bei diesem Werk um ein musikalisches Grabmal handelt, dann dürfen wir auch sagen: Der Rahmenteil dieses Werkes zeugt von der Erschütterung, der Trauer, dem Getroffensein des Menschen Johann Sebastian Bach. Und der musikalische Ausdruck dieser Empfindungen führt ihn zu Chorälen, in denen ausdrücklich von der Finsternis des Todes die Rede ist.

„Religiös" meint hier also nicht „verklärt", sondern es meint vielmehr den wahrhaftigen, den offenen Ausdruck dessen, was den Musikschaffenden berührt, wobei dieses innere Empfinden nicht einfach „mitgeteilt", sondern im Vertrauen auf Gott kommuniziert wird.

Der Mittelteil zeugt von Hoffnung, von der Hoffnung nämlich auf die Erfüllung der Erlösungszusage – wobei diese Hoffnung nicht nur ihm selbst gilt, sondern auch und vor allem seiner verstorbenen Frau. Die von Helga Thoene vorgenommene Interpretation des Chorals *Vom Himmel hoch, da komm ich her* als Ankündigung der Wiederkunft Jesu Christi, als „Parusie", ist hier wichtig. Der Begriff der Parusie leitet sich aus der altgriechischen Sprache ab: Παρουσία, parusía ist mit „Ankunft, Wiederkunft", weiterhin mit „Gegenwart" zu übersetzen und meint das Kommen des Reiches Gottes. Es sei angemerkt, dass die ersten Christen die Parusie noch zu ihren Lebzeiten erhofften. Diese Interpretation ist deswegen wichtig, weil sie uns verstehen lässt, warum Johann Sebastian Bach den Mittelsatz der Chaconne in D-Dur gesetzt hat, warum die Violine unüberhörbar Fanfarenklänge und Paukenschläge imitiert. Hier artikuliert sich musikalisch die Hoffnung und das Vertrauen auf das Reich Gottes, man kann auch sagen: die Gewissheit, dass mit Tod und Auferstehung Jesu Christi das Reich Gottes schon gegenwärtig ist. Diese Hoffnung, dieses Vertrauen ist religiös motiviert, deswegen aber noch lange nicht verklärend oder verdrängend, denn der Rahmenteil der Chaconne zeigt uns ja, wie gegenwärtig in dieser Musik und dies heißt auch: im Erleben des Komponisten der Tod ist.

In der Hoffnung, im Vertrauen spiegelt sich vielleicht aber noch ein weiterer Wunsch wider, nämlich der, seine Frau – wenn auch verwandelt – wiedersehen zu dürfen. Wer sich intensiv mit den Gedanken, Wünschen und Hoffnungen von Hinterbliebenen beschäftigt, der erfährt immer wieder, wie tief deren Hoffnung ist, den

Verstorbenen nach ihrem eigenen Tod wiederzusehen; der erfährt weiterhin, dass gerade in jenen Fällen, in denen die Beziehung von Liebe erfüllt war, die Hoffnung besteht, den Verstorbenen auch in diesem Leben weiterhin „spüren", mit diesem in einer inneren, einer geistigen Beziehung stehen zu können. Möglicherweise wollte Johann Sebastian Bach im Mittelsatz zusätzlich diese zuletzt genannte Hoffnung ausdrücken. Wen würde dies angesichts der Liebe, die er für Maria Barbara empfunden hat, wundern? Und wer würde auch heute einem Trauernden, der diese Hoffnung ausdrückt, widersprechen wollen?

Wie Helga Thoene schließlich darlegt, weisen die letzten acht Takte der Chaconne enge Zusammenhänge zu dem *Halleluja* des Osterliedes von Martin Luther auf. Darin nun zeigt sich die enge Verschränkung des Todes und der Auferstehung: Beide, so wird ja mit dem Abschluss der Chaconne deutlich gemacht, gehören unmittelbar zusammen und sind nicht voneinander zu trennen.

Der Bezug auf die Arbeiten von Helga Thoene wurde auch vorgenommen, weil uns diese helfen können, die Verbindung zwischen innerem Erleben und geschaffener Musik bei Johann Sebastian Bach noch besser zu verstehen – vor allem, wenn es um die Auseinandersetzung mit den Grenzsituationen menschlichen Lebens geht. Natürlich ist der Aussage zuzustimmen, dass wir nicht von einer Komposition Johann Sebastian Bachs unmittelbar auf dessen inneres Erleben während der Entstehung dieses Werkes schließen können. Denn die Werke wurden zu den unterschiedlichsten Anlässen komponiert, die mit dem aktuellen inneren Erleben nicht korrespondieren mussten. Und im Selbstverständnis des Musikwissenschaftlers Johann Sebastian Bach dienten die Kompositionen auch und vor allem dem Ziel, die Musik weiterzuentwickeln, sie nach ganzen Kräften zu fördern. Und auch dies erforderte die Bereitschaft und Fähigkeit, beim Komponieren von aktuellen Empfindungen – Hoffnungen und Freuden, Leiden und Nöten – möglichst weit zu abstrahieren. Doch ist dies nicht die ganze Wahrheit.

Für Johann Sebastian Bach bildete Musik immer auch die Möglichkeit, die Ordnung Gottes in der Welt auszudrücken. Die Musik konnte – diesem Verständnis zufolge – somit auch in persönlichen Dingen Halt geben, sensibilisiert die intensive Beschäftigung mit ihr doch für die göttliche Ordnung in unserer Welt, macht sie doch das Göttliche in besonderer Weise erfahrbar. Vor allem bei der Verarbeitung von Verlusten ist die Musik Bach vermutlich eine bedeutende Hilfe gewesen, denn die Verarbeitung dieser Verluste vollzog sich in seinem Falle vielfach in einem religiösen Kontext. Mit der Musik ließ sich dieser Kontext so ausdrücken, dass hier auch Leiden und Klagen, Hoffen und Vertrauen, Erfüllung und Freude in ganz individueller Gestalt zu Worte kamen – sodass sich Vieles, was Johann Sebastian Bach innerlich bewegt hat, in seiner Musik mitteilen konnte. Das verbindende Element zwischen der inneren Situation einerseits sowie der Komposition andererseits bildete im Falle Johann Sebastian Bachs der religiöse Kontext, in den sowohl das eigene Leben als eben auch die Musik gestellt waren. Dabei bildete aber die Religiosität nichts Abstraktes, sondern vielmehr etwas, was dem Kern seiner Person, dem Kern seiner Existenz, mithin seinem Innersten entsprang.

Religiöse Bindung als Grundlage für schöpferische Kräfte am Lebensende

4

Bei dem Versuch einer Annäherung an die schöpferischen Kräfte Johann Sebastian Bachs am Ende seines Lebens ist zunächst hervorzuheben, dass „das Leben im Sterben" dieses Komponisten nicht losgelöst von dessen religiöser Bindung betrachtet werden darf. James Gaines (2008) hat den überzeugenden Versuch unternommen, sich Johann Sebastian Bach biografisch anzunähern. Dies ist auch deswegen eine anspruchsvolle Aufgabe, da sich ja nur wenige biografische Dokumente über diesen Komponisten aus dessen Zeit finden. James Gaines (2008) legt nun an vielen Stellen seines Buches dar, dass es für Johann Sebastian nur eine „Autorität" in seinem Leben gab, die die Autorität aller staatlichen und kirchlichen Würdenträger weit überragte: Gott.

Was er im Gebet vor Gott und Gottessohn bringen konnte, das konnte er auch vor den weltlichen und geistlichen Würdenträgern vertreten und durchstehen – selbst dann, wenn dadurch ernste Konflikte hervorgerufen wurden. Den letzten, den endgültigen Bezugspunkt seines Handelns bildete Gott. Und auch die Musik sollte den Menschen nicht nur erbauen und „ergötzen", wie Bach es nannte, sondern sie sollte auch und vor allem der Ehre Gottes dienen, die göttliche Ordnung in unserer Welt sichtbar machen. Darin zeigt sich die religiöse Bindung des Komponisten, die übrigens nicht ohne Weiteres mit kirchlicher Bindung gleichgesetzt werden darf.

Das intensive Bemühen Johann Sebastian Bachs, vor seinem Tod die große Messe in h-Moll (BWV 232) abzuschließen und dafür andere Kompositionen vorübergehend liegenzulassen – so vor allem die Kunst der Fuge – drückt in besonderer Weise seine religiöse Bindung aus. Schon 1733 – nämlich mit der Vertonung des Kyrie und des Gloria – hatte Bach mit dieser Messe begonnen, die er aber dann

© Springer Fachmedien Wiesbaden 2015
A. Kruse, *Resilienz bis ins hohe Alter – was wir von Johann Sebastian Bach lernen können*, essentials, DOI 10.1007/978-3-658-08333-5_4

bis 1748 nicht mehr weiter bearbeitete: Kyrie und Gloria bildeten eine abgeschlossene Einheit, die er zunächst nicht um weitere ergänzen wollte; zumindest finden sich keine entsprechenden Pläne.

1748, also zwei Jahre vor seinem Tod, wandte er sich wieder der Messe zu, vielleicht auch aufgrund der Ahnung, dass seine Lebenszeit deutlich stärker begrenzt sein würde, als bisher angenommen. Die mit dem Diabetes verbundenen Symptome könnten durchaus solche Ahnungen ausgelöst haben. Die Vertonungen des Credo, des Sanctus und des Agnus Dei beschäftigten Bach von 1748 bis zum Jahreswechsel 1749/1750, das heißt, bis wenige Monate vor seinem Tod. Bei der Vertonung dieser Teile der Missa griff er einerseits auf Werke zurück, die er in früheren Jahren komponiert hatte und die nun als Grundlage für die Vertonung einzelner Teile der großen Missa dienten (Parodie und Neuanordnung). Andererseits entstanden für die Vertonung weiterer Teile Neukompositionen (siehe das Et incarnatus est aus dem Credo, das vermutlich zum Jahreswechsel 1749/1750 oder sogar erst in den ersten Wochen des Jahres 1750 abgeschlossen wurde). Mit dem Rückgriff auf frühere Kompositionen und dem Schaffen neuer Kompositionen verschmelzen in der Missa Biografie und Gegenwart zu einem Lebenswerk, das er in die Hände Gottes legt.

Johann Sebastian Bach hat mit der h-Moll-Messe in gewisser Hinsicht sein persönliches Glaubensbekenntnis abgelegt – hier sei nur auf die Credo-Eröffnung hingewiesen, eine siebenstimmige Fuge über die liturgische Credo-Intonation, oder auf die vier Takte umfassende Überschrift des ersten Kyrieeleison, mit dem die Missa eingeleitet wird. Dabei ist zu bedenken, dass die Aufführung der h-Moll-Messe mehr als zwei Stunden in Anspruch nimmt. Das bedeutet, dass Johann Sebastian Bach eigentlich davon ausgehen musste, dass diese Messe in einem Gottesdienst niemals erklingen würde (als zusammenhängendes Werk wurde die h-Moll-Messe übrigens zum ersten Mal am 20. Februar 1834 in einem Konzert der Berliner Singakademie aufgeführt).

Daraus kann gefolgert werden, dass es Bach bei der Komposition des Werks vor allem darum gegangen ist, eine Möglichkeit zu finden, um sein persönliches Glaubensbekenntnis abzulegen, sein Können symbolisch vor Gott auszulegen und in dessen Hände zu legen, ja, sein Können Gott zurückzugeben, war es ihm doch nur geliehen, wurde er durch dieses doch zum Werkzeug göttlichen Heils.

Diese symbolische „Rückgabe" der kompositorischen Meisterschaft an Gott finden wir auch in der Kunst der Fuge, hier im Contrapunctus XIV (Quadrupelfuge), in dem die Notenfolge B-A-C-H als drittes Fugenmotiv eingeführt und dabei zum „göttlichen" (oder königlichen) Ton „D" geführt wird (ausführlich in Eggebrecht 1998). Das eigene Leben, die Schaffens- oder Werkbiografie wird damit symbolisch in Gottes Hand gelegt.

Auch darin zeigt sich die tiefe religiöse Bindung dieses Komponisten, die aber nicht im Sinne einer „Frömmelei" und auch nicht im Sinne einer Unterwerfung unter kirchliche Autoritäten verstanden werden darf. Bach hat diesen Autoritäten manches abverlangt und ihnen gegenüber seine Eigenständigkeit unter Beweis gestellt.

Führen wir das Moment der religiösen Bindung weiter, nämlich zu der Frage, wie diese das Erleben eigener Endlichkeit zu prägen vermag: Spiegelt sich in der religiösen Bindung die Vorstellung einer umfassenderen Ordnung wider, in die das eigene Leben „hineingestellt" ist?

Was bei den zahlreichen geistlichen Werken, die Johann Sebastian Bach geschaffen hat, sicherlich nicht vernachlässigt werden darf, ist die Tatsache, dass es sich bei ihnen zumeist um Auftragskompositionen handelte: Von dem im Dienste der Kirche stehenden Komponisten wurde erwartet, dass er zu Sonn- und Feiertagen geistliche Werke zur Aufführung brachte, mit denen die entscheidenden theologischen Aussagen des jeweiligen Gottesdienstes musikalisch ausgedrückt und umrahmt werden. Von daher sind die Texte, die Johann Sebastian Bachs geistliche Kompositionen bestimmen, auch im Kontext des kirchlichen Auftrags zu sehen, der an ihn gerichtet war.

Zudem dürfen diese Texte nicht unabhängig von der Zeit – der Barockzeit – gesehen werden, in der sie entstanden sind. In den christlichen Texten spiegelt sich der Zeitgeist wider. Die Texte dienten dazu, die in den verschiedenen Phasen der Barockzeit dominierenden Einstellungen und Haltungen des Menschen pointiert zum Ausdruck zu bringen.

Und doch wird von Musikwissenschaftlern, die sich intensiv mit der h-Moll-Messe und ihrer Entstehung auseinandergesetzt haben, hervorgehoben, dass ein möglicher „äußerer Anlass" für die Erstellung und Vervollkommnung dieser Messe keinesfalls die „innere Motivstruktur", also das seelisch-geistige, das religiöse Verlangen, eine Große Messe zur Ehre Gottes zu schreiben und in dieser die eigene Kompositionskunst noch einmal auf eine höhere, auf eine höchste Stufe zu stellen, relativieren könne (in dieser Weise argumentieren zum Beispiel Blankenburg [1974] und Wolff [2009]).

Das Vertrauen in Gott als Antwort auf die eigene Verletzlichkeit und Endlichkeit

Vor dem Hintergrund der in den vorangehenden Abschnitten getroffenen Aussagen lässt sich die Annahme aufstellen, dass Bach gefasst auf das Ende seines Lebens geblickt hat, bedeutete der Tod für ihn – wenn wir seinen geistlichen Werken folgen – doch kein Ende, sondern vielmehr eine Verwandlung seiner Existenz. Wenn wir die Gottesfurcht ernstnehmen, die aus den geistlichen Werken Bachs spricht, und nicht nur die Gottesfurcht, sondern auch und vor allem das Vertrauen in sowie die Dankbarkeit gegenüber Gott, dann kann es nicht überraschen, dass die Auseinandersetzung mit der eigenen Endlichkeit das Bedürfnis auslöst, nun eine große Messe zu schreiben, eine Missa solemnis, in der sich das Bekenntnis zum Glauben und das Bekennen vor Gott und schließlich die Dankbarkeit gegenüber Gott ausdrückt.

In eine solche Messe musste notwendigerweise das gesamte Kreativitätspotenzial einfließen, das der Komponist besaß – und dies ist bei der h-Moll-Messe zweifelsohne der Fall gewesen. Sowohl in der h-Moll-Messe als auch in der Kunst der Fuge erkennt Christoph Wolff den Habitus des „Andere-und-sich-selbst-übertreffen-Wollens" (Wolff 1986, S. 109), wobei dies nicht Ausdruck von Eitelkeit, sondern vielmehr der erlebten Verpflichtung gegenüber der Musik, gegenüber dem Schöpfer war.

Wenn die Annahme korrekt ist, wonach das Erleben eigener Verletzlichkeit und Endlichkeit das zentrale Motiv für die Aufnahme der Arbeit an der h-Moll-Messe bildete, so kann der Prozess der Entstehung und Vervollkommnung dieser Messe als ein weiteres Beispiel für Johann Sebastian Bachs Grenzgänge gedeutet werden: Neben dem Verlangen, mit der h-Moll-Messe ein Werk zu schaffen, in dem die Fugen-Kompositionstechnik ganz ähnlich wie in der Kunst der Fuge zur

© Springer Fachmedien Wiesbaden 2015
A. Kruse, *Resilienz bis ins hohe Alter – was wir von Johann Sebastian
Bach lernen können*, essentials, DOI 10.1007/978-3-658-08333-5_5

Meisterschaft gebracht und in dem quasi eine „Lehre der Fugentechnik" entwickelt wird, soll diese auch Ausdruck des persönlichen Glaubensbekenntnisses sein. Hier finden wir erneut die Integration von musikalischer, theologischer und persönlicher Glaubensaussage.

Die Integration dieser drei Dimensionen ist noch um die psychologische Dimension zu erweitern: Die h-Moll-Messe bildet den seelisch-geistig-spirituellen Kontext, in den die Verarbeitung der schweren Erkrankung eingebettet ist. Diese Messe begleitet Johann Sebastian Bach im Prozess der Erkrankung, und zwar nicht nur das innere Hören dieser Messe, sondern auch die aktive Arbeit an deren Entstehung und Vervollkommnung. Dabei arbeitete Bach bis zum Jahreswechsel 1749/1750 an diesem Werk, wobei er bei der Niederschrift der Originalpartitur von seinem zweitjüngsten Sohn Johann Christoph Friedrich Bach unterstützt wurde, der seinem Vater in der zweiten Hälfte der 1740er-Jahre häufig als Assistent zur Seite stand. Am 1. Januar 1750 trat er eine Stelle an der Gräflichen Hofkapelle zu Bückeburg an und verließ sein Elternhaus – ein von Johann Sebastian Bach als schmerzlich erlebter Verlust.

Förderung der Verarbeitung von Verletzlichkeit: Die innere Erfüllung im Werk

Der seelisch-geistig-spirituelle Kontext, den die h-Moll-Messe für Johann Sebastian Bach konstituierte, hat dessen Verarbeitung der schweren Erkrankung vermutlich in zweifacher Hinsicht gefördert: Erstens im Hinblick auf die bewusste Annahme der eigenen Verletzlichkeit und Endlichkeit, zweitens im Hinblick auf die Motivation, gegebene medizinische Behandlungsmöglichkeiten zu nutzen, um körperliche Einbußen zu lindern (nur so lässt sich erklären, warum er im März 1750 das Wagnis einer schmerzhaften Augenoperation einging und es im April noch einmal wiederholte). Wir haben es hier mit zwei verschiedenartigen, gleichwohl zusammenhängenden Verarbeitungsformen zu tun.

Das gleichzeitige Auftreten verschiedenartiger Verarbeitungsformen bei einer Person ließ sich in Studien zur medizinisch-pflegerischen, psychologisch-sozialen und spirituellen Begleitung schwer kranker und sterbender Menschen nachweisen, so auch in Studien, die vom Autor selbst ausgerichtet wurden (siehe zum Überblick: Kruse 2007).

In den eigenen Studien zur Begleitung schwer kranker und sterbender Menschen stieß der Autor auf Patientengruppen, bei denen die Verarbeitung eigener Verletzlichkeit und Endlichkeit von einem ständigen Wechsel zwischen a) Akzeptieren der gegebenen gesundheitlichen Situation, b) bewusstem Sich-Einstellen auf eine mögliche Zunahme der Krankheitsschwere und das Lebensende sowie c) der Suche nach gegebenen medizinischen und pflegerischen Interventionskonzepten (mit dem Ziel verbesserter Schmerz- und Symptomkontrolle) bestimmt war.

Das verbindende Element dieser drei Verarbeitungsformen bildete dabei eine das eigene Leben auch in seinen letzten Grenzen annehmende, zum Teil sogar ausdrücklich bejahende Einstellung, die nicht nur an eine medizinisch, psychologisch

© Springer Fachmedien Wiesbaden 2015
A. Kruse, *Resilienz bis ins hohe Alter – was wir von Johann Sebastian Bach lernen können*, essentials, DOI 10.1007/978-3-658-08333-5_6

und pflegerisch kompetente Betreuung und Begleitung gebunden war (wobei hier der pharmakologischen und psychologischen Schmerztherapie besondere Bedeutung zukam), sondern auch an die Erfahrung sozialer Bezogenheit sowie an das Erleben stimmiger, sinnerfüllter Momente in der gegebenen Situation (Siehe auch Müller-Busch, 2012). Diese Momente stellten sich vor allem im Verlauf einer wahrhaftig und offen geführten Kommunikation ein, beim gemeinsamen Hören von Musik, bei der gemeinsamen Betrachtung von Natur, im gemeinsamen Gebet.

Gerade in diesen Momenten schienen die Patienten über sich hinaus und fähig zur Selbst-Distanzierung zu sein (nach Viktor Frankl eine Bedingung für Sinn-Erleben; vgl. Frankl 2005), wodurch es ihnen gelang, sich wenigstens vorübergehend von den Gedanken an die Erkrankung und die Endlichkeit zu lösen.

Zu welcher Schlussfolgerung gelangen wir, wenn wir nun die hier beschriebenen Verarbeitungsformen des Akzeptierens, des bewussten Sich-Einstellens, der Suche nach gegebenen medizinischen und pflegerischen Interventionskonzepten sowie die Bedingungen, an die diese Verarbeitungsformen gebunden waren, auf die innere Situation von Johann Sebastian Bach in den letzten Lebensjahren, den letzten Lebensmonaten übertragen? Möglichkeiten einer fundierten, auf Schmerz- und Symptomkontrolle zielenden medizinischen, psychologischen und pflegerischen Intervention boten sich in der damaligen Zeit nicht. Diese Bedingung für die beschriebenen Verarbeitungsformen war also nicht erfüllt.

Aber in hohem Maß ausgeprägt war die Bedingung der Bezogenheit, des Über-sich-hinaus-Seins, der Selbst-Distanzierung! Johann Sebastian Bach stand, dafür finden sich viele Belege, in regem Austausch mit Familienangehörigen, Freunden und Schülern, die ihm auch in jener Zeit beistanden, in welcher der Nachfolger im Amt des Thomaskantors bestimmt wurde. Noch wenige Monate vor seinem Tod zog bei ihm ein Schüler ein, der ihm bei der Bearbeitung der Achtzehn Orgelchoräle (BWV 651–668) unterstützte. Für eine Lehrperson wie Johann Sebastian Bach muss die Erfahrung, trotz schwerer Erkrankung noch unterrichten und gemeinsam mit dem Schüler an bestehenden Kompositionen arbeiten zu können, sehr inspirierend und motivierend gewesen sein.

Folgen wir schließlich dem von Andreas Glöckner (2008) herausgegebenen Kalendarium zur Lebensgeschichte Johann Sebastian Bachs, so übernahm erst am 17. Mai 1750, an einem Pfingstmontag, der Präfekt Johann Adam Frank offiziell die Aufgaben des erkrankten Thomaskantors, was zeigt, dass Bach noch bis kurz vor seinem Tod – vermutlich bis zum Zeitpunkt der beiden Augenoperationen – alles dafür getan hat, um seinen Beruf so gut wie möglich auszufüllen.

Doch die höchste Form des Über-sich-hinaus-Seins und der Selbst-Distanzierung bildete die Entwicklung, die Vervollkommnung der Missa tota. In diesem Prozess verwirklichte Johann Sebastian Bach ein Maß an Kreativität, das schon

ohne Vorliegen der schweren Erkrankung als außergewöhnlich zu charakterisie-
ren wäre. Doch wenn man bedenkt, dass sich diese Kreativität sogar bei schwerer
Erkrankung, bei stark ausgeprägter Symptomatik zeigte, so ist man noch einmal
mehr beeindruckt sowohl von der geistigen als auch von der emotionalen Leistung, die dieser Komponist hier erbracht hat. Dabei ist die religiöse Inspiration
zu berücksichtigen, die – als Komponente der Motivstruktur – zu dieser Leistung
beigetragen hat.

Diese seelisch-geistige, diese spirituelle Kraft zeigt sich vor allem in der Credo-
Eröffnung des Symbolum Nicenum der Messe (Faszikel 2 der Originalpartitur),
die sich ganz um die gregorianische Credo-Intonation – Credo in unum deum –
zentriert, wobei diese Intonation in der h-Moll-Messe nicht von einem Einzelsän-
ger gesungen wird, sondern vielmehr von einem fünfstimmigen Chor. Gemeinsam
mit Violine I und Violine II entwickelt der fünfstimmige Chor über diese Intonation eine siebenstimmige Fuge, wodurch dieses Motiv ein musikalisches Gewicht,
eine musikalische Überzeugungskraft gewinnt, dass sich dem Hörer die Aussage
einprägen muss: „Ich glaube".

Dieses Gewicht, diese Überzeugungskraft wird noch einmal dadurch verstärkt,
dass der zweite Satz des Symbolum Nicenum – Patrem omnipotentem – in der
Bass-Stimme mit dem Motiv Patrem omnipotentem, factorem coeli et terrae be-
ginnt, dass aber zugleich die anderen Stimmen – Sopran I und II, Alt und Tenor –
noch einmal die liturgische Credo-Intonation des Credo in unum deum aufnehmen
(Takte 1–3), und dass diese noch zwei weitere Male erklingt (Takte 6-8; Takte
10-12).

Diese seelisch-geistige und spirituelle Kraft wurde in einer von Walter Blankenburg (1974) verfassten Monografie über die h-Moll-Messe in der Weise charak-
terisiert, dass das Credo den Höhepunkt des Werkes bilde, in dem der Komponist
das Äußerste an künstlerischer Gestaltungskraft mit geistiger Konzentration und
symbolischer Aussage verbunden habe. Walter Blankenburg erkennt gerade im
Credo des Symbolum Nicenum ein „Bekenntniswerk", das auch Johann Sebastian
Bachs „persönliches Christentum" meine. Diese musikalische und spirituelle Cha-
rakterisierung benennt drei zentrale Merkmale der generell in der h-Moll-Messe
zum Ausdruck kommenden, sich im Credo jedoch noch einmal kristallisierenden
Kreativität Bachs: a) Hohe Konzentration, b) hohe schöpferische Kraft in der musikalischen Gestaltung und c) hoher symbolischer Ausdrucksgehalt, in dem sich
grundlegende persönliche Überzeugungen (Glaubensinhalte) widerspiegeln.

„Vor Deinen Thron tret ich hiermit": Zusammenführung psychologischer Themen Johann Sebastian Bachs am Ende seines Lebens

Der Choral *Vor Deinen Thron tret ich hiermit* ist jenes Werk gewesen, mit dem sich Johann Sebastian Bach am Lebensende – noch in den letzten Tagen seines Lebens – befasst hat. Carl Philipp Emanuel Bach hat dieses Werk an das Ende der Kunst der Fuge gestellt und zugleich die letzten sieben Takte des Fragments der Quadrupelfuge herausgenommen, da er kein unfertiges Werk veröffentlichen wollte. Nur so wurde der Choral in die Kunst der Fuge aufgenommen, in die er – von der Idee des Werkes aus betrachtet – gar nicht gehört.

Und doch widmet Hans Heinrich Eggebrecht (1998) in seiner Monografie über die Kunst der Fuge diesem Choral ein eigenes Kapitel, in dem er veranschaulicht, dass dieses Stück eine zentrale symbolische Aussage der Kunst der Fuge aufgreift. Aus diesem Grund erscheint es ihm als gerechtfertigt, den Choral mit dem Begriff des „Nochmalsagens" zu belegen. Dabei hebt er hervor, dass sich in dem Choral keine Aussage findet, die in der Kunst der Fuge nicht schon enthalten wäre.

Der entsprechende Ausschnitt aus dieser Monografie sei nachfolgend wiedergegeben, weil er den symbolischen Zusammenhang zwischen dem Fugenzyklus und dem Choral auf anschauliche Art und Weise beschreibt.

Vorher sei aber angemerkt, dass Johann Sebastian Bach selbst den Choral an das Ende seiner Choralsammlung – die 18 Choräle aus verschiedenen Lebensphasen umfasst – eintragen ließ. Diese Anmerkung hilft, die erste Aussage des nachfolgenden Zitats besser einordnen zu können. Und eine weitere Anmerkung: Die Achtzehn Choräle von verschiedener Art, auch Leipziger Choräle genannt, stellte Johann Sebastian Bach in seinen letzten Lebensjahren zusammen, da er die Absicht hatte, sie drucken zu lassen. Diese Sammlung umfasst Choralbearbeitungen für Orgel mit zwei Manualen und Pedal. Bach wählte Sätze aus ganz verschiede-

© Springer Fachmedien Wiesbaden 2015
A. Kruse, *Resilienz bis ins hohe Alter – was wir von Johann Sebastian Bach lernen können*, essentials, DOI 10.1007/978-3-658-08333-5_7

nen Lebensphasen aus, wobei davon auszugehen ist, dass zahlreiche Arbeiten dieser Sammlung aus der Weimarer Zeit stammen. Die Aufnahme der Arbeiten in die Zusammenstellung nutzte Bach, um an ihnen Verbesserungen vorzunehmen. Die Schrift dieses Manuskripts wird zunehmend unsicher. Auch hier finden wir wieder Anzeichen eines allmählich einsetzenden Verlusts des Augenlichts. Die letzten drei Sätze wurden nicht mehr von Johann Sebastian Bach selbst eingetragen, sondern von dessen Schwiegersohn und Schüler Johann Christoph Altnickol.

Nun aber zu dem angekündigten Auszug aus Eggebrechts Monografie:

> Indem Bach diesen Orgelchoral ans Ende seiner Choralsammlung eintragen lässt (der er der Gattung nach zugehört), gibt er ihm selbst den Rang eines Epilogs dieser Sammlung. Gleichzeitig beschließt er mit ihm in voller Bewusstheit sein kompositorisches Werk, das somit auch als Ganzes unter die Glaubensaussage dieses Chorals gestellt ist. Denn wirklich ist jener Eintragungsvorgang schwerlich anders zu verstehen denn als ein persönlichstes Handeln: als ein – wenn ich es so nennen darf – kompositorisches Gebet, gesprochen in jenem Medium des Orgelchorals, bei dem die Orgelkunst, von der Bach einst beruflich und kompositorisch ausgegangen war, verbunden ist mit dem Choral, der gesungenen Sprache der christlichen Gemeinde." (Eggebrecht 1998, S. 37 f.)
>
> Somit hat dieses Choral-Diktat, jenseits aller Werk-, Wirkungs- und Öffentlichkeitsbestimmung stehend, seinen Sinn allein in der Zweierbeziehung Bach–Gott. … Der Bezugspunkt meines Daseins ist Gott, mit dem ich elender Mensch durch Christus aus Gnade verbunden bin. … Als Beschluss der Kunst der Fuge bringt der Choral ‚Vor deinen Thron tret ich hiermit' … seine mehrfache Bedeutung mit sich und macht sie für dieses Werk aktuell: die Bedeutung als kompositorisches Gebet, das über Bachs Lebens- und Schaffensauffassung Aufschluss gibt wie kein anderes Dokument. … Ausgehend von der Deutung des B-A-C-H-Themas und ohne den Choral zu bemühen, besagt unsere Interpretation, dass es konkret jene Choralaussage ist, die Bach in der Kunst der Fuge, dieser Summa seines kompositorischen Vermögens, zum Thema ein rein instrumentalmusikalischen Werkes erhoben hat – wobei wir diese Aussage formelhaft durch die Begriffe ‚Dasein' und ‚Sein' zu umschreiben versuchten. (S. 38)

Mit Blick auf das „Nochmalsagen" heißt es:

> Nicht braucht selbst dasjenige, was der als Spiegelfuge geplante (und im Gedanken an die Kunst der Fuge mitzudenkende) letzte Teil der Schlussfuge in seiner nicht zu überbietenden Kunst bedeutet hätte, durch den Choraltext eigens bestätigt zu werden, wenn es dort heißt: ‚Du hast mich, o Gott! Vater mild/Gemacht zu deinem Ebenbild. … Die Kunst der Fuge selbst ist es, die den Choral, wiewohl er zu ihrem Verständnis beiträgt, überflüssig macht und abweist. (S. 39)

Der Choral *Vor Deinen Thron tret ich hiermit* soll im Sinne einer Coda, das heißt, eines ausklingenden Teils eines Musikstücks verstanden werden. Wie in der „musikalischen Coda" die wichtigsten Themen des Musikstücks zusammengeführt und verdichtet werden, so sollen in der nun versuchten „psychologischen" Coda die wichtigsten seelisch-geistigen und religiösen Themen zusammengeführt und aus einer übergeordneten thematischen Perspektive betrachtet werden. Bevor dies geschieht, seien noch zwei Deutungen dieses Chorals angeführt, eine von James Gaimes und eine weitere von Peter Billam. Bei Gaines (2008) ist zu lesen:

> Eines Tages rief Johann Sebastian Bach einen seiner Schüler an sein Sterbebett und bat ihn, auf dem Pedalcembalo in seinem Zimmer einen Orgelchoral vorzuspielen, den er Jahrzehnte früher in Weimar für das Orgelbüchlein geschrieben hatte. Dieses zwölftaktige Stück ‚Wenn wir in höchsten Nöten sein' (BWV 641) hatte er später zu einem großen Werk aus-gearbeitet, das in den ‚Achtzehn Großen Orgelchorälen' (BWV 668a) seinen Platz fand. Während er nun dem Präludium zu diesem auf Luther selbst zurückgehenden Choral lauschte, dachte er an einen anderen Text, der ebenfalls zu dieser Melodie gesungen werden konnte und der sehr genau zu diesem Augenblick seines Lebens passte, in dem er wusste, dass er bald sterben würde. Er ging nun daran, eine ruhige getragene kontrapunktische Variation für diesen Text zu komponieren. So entstand einer der schönsten Choräle, die er je geschrieben hat (BWV 668) ... Mit der mittelalterlichen Tempobezeichnung integer valor – dem Tempo des menschlichen Herzens, wobei jeder Takt so lang ist wie ein tiefes Ein- und Ausatmen – hat dieses Werk auch sonst in jeder Hinsicht menschliche Maße und ist voller Mitgefühl. (S. 297)

Und Billam (2001), dem wir eine sehr gelungene Klavier-Transkription dieses Chorals verdanken, schreibt:

> The moment of death can be seen as painful, or as glorious; by his choice of notes Bach makes clear his point of view. The chorale prelude is deeply connected to humanity.

Verdichten wir also nun die biografischen Aussagen, die im Hinblick auf die letzten Lebensjahre Johann Sebastian Bachs getroffen wurden, sowie die symbolischen Aussagen, die in seinen letzten Werken zu finden sind, so lassen sich folgende – in Ich-Form ausgedrückte – Themen differenzieren (in Klammern ist das psychologische Konstrukt aufgeführt, dem das jeweilige Thema zugeordnet werden kann):

I.   Ich lebe in Gott, in anderen Menschen, in meinem Werk (Bezogenheit)
II.   Ich nehme meine schöpferischen Kräfte wahr (Selbstaktualisierung)
III. Ich gestalte mein Leben (Selbstgestaltung)
IV.   Ich dringe immer tiefer in die Musik ein, strebe nach deren Vollendung (Kreativität)

V.   Ich gebe mein Werk an nachfolgende Musikergenerationen weiter (Gene-
        rativität)
VI.   Ich nehme Verantwortung für andere Menschen wahr (Mitverantwortung)
VII.   Ich nehme mich in meiner Verletzlichkeit wahr (Vulnerabilität)
VIII.   Ich nehme mich als Teil der göttlichen Ordnung wahr (Gerotranszendenz)
IX.   Ich blicke dankbar auf mein Leben, mein Leben als Fragment (Ich-Integrität)
X.   Ich erwarte die Auferstehung der Toten, das ewige Leben (Religiosität)

Blicken wir auf diese Themen sowie auf die – diesen Themen zugeordneten –
psychologischen Konstrukte, so tritt uns ein reiches seelisch-geistiges Leben ent-
gegen, das deutlich macht, welche schöpferischen Kräfte auch am Ende des Lebens wirksam sein können, vorausgesetzt, dieses Leben steht in Bezügen, die dazu
motivieren, diese schöpferischen Kräfte zu erspüren und zu verwirklichen (Borasio
2011; Eckart und Anderheiden 2012). Diese Bezüge sind am Lebensende Johann
Sebastian Bachs deutlich erkennbar, ja, sie bilden selbst zentrale Themen seines
Lebens: Der Große Gott, seine Angehörigen, Schüler und Freunde, die Musik oder
weitere Bereiche geistiger Produktivität (man denke hier nur an die Societät der
musikalischen Wissenschaften).

In diese Bezüge investiert Bach viel seelisch-geistige Energie, wobei seine
Schaffenskraft auch darauf hindeutet, wie viel Positives er in diesen Bezügen,
in seinem Engagement, in seinem Schaffen erfährt: Hier sieht man sich erinnert
an das von Daniel Levinson (1986) entwickelte Konzept der Lebensstrukturen,
in denen sich die subjektiv bedeutsamen Beziehungen zu den „Anderen" – Menschen, Gruppen, Kulturen, Ideen oder Orte – widerspiegeln, wobei diese Anderen konstitutive Merkmale des Selbst darstellen, in die man gerne ein hohes Maß
an psychischer Energie investiert, für die man sich gerne engagiert. Die hier zum
Ausdruck kommende Bezogenheit erscheint somit als Grundlage sowohl für die
Entdeckung und Verwirklichung schöpferischer Potenziale als auch für die Selbstgestaltung des Lebens am Lebensende. Zugleich bilden Selbstaktualisierung und
Kreativität, Selbstgestaltung und Ich-Integrität zentrale Themen am Lebensende
und damit konstitutive Merkmale des Selbst. Die heutige Diskussion über Lebens-
qualität bei chronischer Erkrankung, bei Behinderung und bei einer zum Tode füh-
renden Erkrankung zentriert sich um den Begriff der Selbstbestimmung.

Die hier genannten Themen am Lebensende Johann Sebastian Bachs können uns
helfen, den Begriff der Selbstbestimmung – genauso wie den Begriff der Teilhabe,
der in enger Relation zu jenem der Selbstbestimmung steht – in einer Richtung zu
konkretisieren: Mit Selbstbestimmung ist diesem Verständnis zufolge zunächst die
Möglichkeit angesprochen, dass sich das Selbst des Menschen ausdrücken, mitteilen, weiter differenzieren kann (Selbstaktualisierung) – und dies auch in jenen

Fällen, in denen dieses Selbst nicht mehr in der früher gegebenen Prägnanz und Kohärenz erkennbar ist. Die Möglichkeit zur Selbstaktualisierung ist in hohem Maße von den Bindungen des Menschen an das Leben, von der subjektiven Bewertung des eigenen Lebens beeinflusst, wie der US-amerikanische Alternsforscher Powell Lawton in theoretisch-konzeptionellen und empirischen Arbeiten dargelegt hat (zum Beispiel Lawton et al. 1999). Solche Bindungen bilden ihrerseits das Ergebnis seelisch-geistiger Ordnungen, die sich im Lebenslauf ausbilden konnten und bis in das hohe und höchste Alter fortwirken. Zugleich werden sie gefördert durch aktuell gegebene Gelegenheitsstrukturen: Inwieweit vermittelt das soziale Umfeld eines Menschen Interesse an dessen Erfahrungen, Erkenntnissen, Wissen und Handlungspotenzialen? Inwieweit motiviert dieses den Menschen dazu, sich auszudrücken, sich mitzuteilen, sich weiter zu differenzieren?

Mit Selbstbestimmung ist des Weiteren die Selbstgestaltung des Lebens – auch am Lebensende – angesprochen: Inwieweit besitzt das Individuum die seelisch-geistigen Kräfte, um sein Leben im Angesicht der schweren Erkrankung, im Angesicht der eigenen Endlichkeit bewusst zu gestalten, das Sterben bewusst zu gestalten? Bei Johann Sebastian Bach treffen wir, zumindest von seiner Person aus betrachtet (über das soziale Umfeld wissen wir nicht viel), auf einen ausgeprägten Selbstgestaltungswillen auch am Ende seines Lebens, der seinerseits fundiert war durch den unbedingten Willen, sein Werk zu einem Abschluss zu bringen.

Dabei wird in der Bach-Rezeption das „Werk" immer mit dem musikalischen Werk gleichgesetzt. Was unseres Erachtens aber auch wichtig ist: dieser musikalischen Dimension eine ganz persönliche hinzuzufügen, also auch das Leben dieses Komponisten als „Werk" zu betrachten und zu würdigen. Eine derartige persönliche Perspektive – die eben auch das Leben als „Werk" versteht (eine derartige Deutung findet sich ja schon in dem von Simone de Beauvoir 1967 veröffentlichten Buch *Das Alter*) –, ist für die Begleitung schwer kranker, sterbender Menschen von großer Bedeutung.

Wie der Philosoph Thomas Rentsch (zum Beispiel Rentsch 2012) in seinem philosophisch-anthropologischen Entwurf des Alters als „Werden zu sich selbst" hervorhebt, ist die von Respekt und Offenheit geleitete Haltung einem alten Menschen gegenüber eine zentrale Bedingung für das „Werden zu sich selbst" in gesundheitlichen Grenzsituationen. Diese Haltung drückt sich in einem grundlegenden Interesse an dem aus, was alte Menschen „zu erzählen" haben, und dies ist nach Thomas Rentsch sehr viel – wenn es nämlich darum geht, das eigene Leben zu ordnen, es als eine Ganzheit zu betrachten, in der auch die Grenzen des Lebens ausdrücklich Berücksichtigung finden. In dem Maße, in dem der alte Mensch das Gehör Anderer findet, indem er sich mitteilen kann, nimmt auch die Wahrscheinlichkeit zu, dass er selbst sein Leben – und auch das Leben in seiner aktuell erfahrenen Verletzlichkeit – als eine Gestalt, als ein Werk verstehen und annehmen kann.

Wir können davon ausgehen, dass Johann Sebastian Bach in seiner Familie, in seiner Schülerschaft, in seinem Freundeskreis Menschen gefunden hat, die ihm Gehör geschenkt haben, wenn es nicht nur um das musikalische, sondern auch um das persönliche Werk ging.

Vielleicht ist aber die von Hans Heinrich Eggebrecht angesprochene Beziehung zwischen Gott und Johann Sebastian Bach noch entscheidender. Vielleicht ist es gerade Gott gewesen, dem sich Johann Sebastian Bach in besonderer Weise anvertraute, dem gegenüber er alles aussprach, was ausgesprochen werden musste, sodass er auch oder sogar in besonderer Weise in dieser Beziehung – Gott und er selbst – den immer wieder neuen Impuls zur Selbstgestaltung seines Lebens verspürt hat. Sowohl die Musik selbst als auch der symbolische Ausdruck in der Musik sprechen für diese Annahme.

Mit dem „Leben als Werk", aber eben auch den geschaffenen Kompositionen stehen wir im Zentrum der Ich-Integrität (Erikson 1998), die auf der Fähigkeit und Bereitschaft beruht, das eigene Leben, so wie es war, so wie es sich aktuell darstellt, annehmen zu können – wobei der von Henning Luther (1992) eingeführte Aspekt des „Lebens als Fragment" einen bedeutenden Hinweis auf den Kern der Ich-Integrität gibt: Diese meint nämlich nicht eine frei von Ambivalenz und Zweifeln erreichte und ausgedrückte Lebenshaltung (worauf übrigens auch Erik Homburger Erikson ausdrücklich hingewiesen hat), sondern vielmehr eine Lebenshaltung, in der sowohl Erreichtes als auch Unerreichtes, in der sowohl Zeiten des Glücks als auch des Unglücks, in der sowohl Freude als auch Leid, in der sowohl verwirklichte als auch enttäuschte Hoffnungen repräsentiert sind, die aber von der Überzeugung getragen ist, dass das Leben, so wie es sich vollzogen hat, so wie es gestaltet wurde, letztlich ein gutes gewesen ist: Das Leben als Werk (Kruse, 2012). In der Entwicklung einer solchen Lebenshaltung ist ein wichtiges schöpferisches Moment des Menschen zu sehen.

Im Leben Johann Sebastian Bachs finden sich viele Beispiele für Erreichtes und Unerreichtes, für Zeiten des Glücks und des Unglücks, für Freude und Leid, für verwirklichte und enttäuschte Hoffnungen. Bei einer Gesamtschau dieses Lebens wird deutlich, wie sehr es Johann Sebastian Bach gelungen ist, dieses schöpferische Potenzial bis an das Ende des Lebens zu verwirklichen: und dies in seinem Werk ebenso wie in seiner Lebensführung.

So stellen wir die psychologische Coda unter die Überschrift des Menschen in seiner Geschöpflichkeit, damit zum Ausdruck bringend, dass uns das Leben von Gott geschenkt ist, dass dieses Leben ein verletzliches, ein endliches ist, dass wir in der Hoffnung und Erwartung leben, im Tod zu unserem Ursprung zurückzukehren, dass wir Dank empfinden für die schöpferischen Potenziale, die uns geschenkt sind, und dass wir in der Weitergabe der Ergebnisse schöpferischen Handelns an andere Menschen sowohl eine Ausdrucksform dieses Dankes als auch der erlebten Mitverantwortung für die Welt finden.

Vor deinen Thron tret ich hiermit
O Gott und dich demütig bitt:
Wend doch dein gnädig Angesicht
vor mir, dem armen Sünder nicht.
Du hast mich, O Gott Vater mild,
Gemacht nach deinem Ebenbild.
In dir web, schweb und lebe ich,
Vergehen müßt ich ohne dich.
…

Ein selig Ende mir bescher,
Am Jüngsten Tag erweck mich, Herr,
daß ich dich schaue ewiglich.
Amen, Amen, erhöre mich.

Was Sie aus diesem Essential mitnehmen können

- Die Konfrontation mit Belastungen in Kindheit und Jugend muss keine negativen Auswirkungen auf die psychische Situation in späteren Lebensphasen haben, vor allem dann nicht, wenn Kinder und Jugendliche in der Bindung an nahestehende Menschen, an Weltausschnitte und an Tätigkeiten Halt, Geborgenheit und emotionale Unterstützung gefunden haben.
- Respekt durch andere Menschen und eigene Offenheit für neue Anregungen vorausgesetzt, beinhalten Grenzsituation Entwicklungspotenziale im Sinne eines Werdens zu sich selbst
- Die Verwirklichung von schöpferischen Kräften ist nicht nur in Werken, sondern auch in der Lebensführung erkennbar

© Springer Fachmedien Wiesbaden 2015
A. Kruse, *Resilienz bis ins hohe Alter – was wir von Johann Sebastian Bach lernen können*, essentials, DOI 10.1007/978-3-658-08333-5

Literatur

Anderheiden, M., Eckart, W.U. (Hrsg.). (2012). Handbuch Sterben und Menschenwürde (3 Bd.). Berlin: de Gruyter. (unter Mitarbeit von E. Schmitt, H. Bardenheuer, H. Kiesel, A. Kruse, S. Leopold).

Bach-Dokumente Band I. (1963). *Schriftstücke von der Hand Johann Sebastian Bachs. Vorgelegt und erläutert von Werner Neumann und Hans-Joachim Schulze.* Kassel: Bärenreiter.

Bach-Dokumente Band II. (1969). *Fremdschriftliche und gedruckte Dokumente zur Lebensgeschichte Johann Sebastian Bachs 1685–1750. Vorgelegt und erläutert von Werner Neumann und Hans-Joachim Schulze.* Kassel: Bärenreiter.

Bach-Dokumente Band III. (1984). *Dokumente zum Nachwirken Johann Sebastian Bachs 1750–1800. Vorgelegt und erläutert von Hans-Joachim Schulze.* Kassel: Bärenreiter.

Beauvoir, de S. (1970). *Das Alter.* Reinbek: Rowohlt.

Billam, P. J. (2001). Vor deinen Thron tret' ich hiermit by J. S. Bach. www.pjb.com.au. abgerufen am 14.7.2012.

Blankenburg, W. (1974). *Einführung in Bachs h-Moll-Messe* (2. Aufl.). Kassel: Bärenreiter.

Block, J. H., & Block, J. (1980). The role of ego-control and ego-resiliency in the organization of behavior. In W. A. Collins (Hrsg.), *Development of cognition, affect, and social relations* (S. 39–101). Hillsdale. Erlbaum.

Borasio, G. D. (2011). *Über das Sterben. Was wir wissen, was wir tun können, wie wir uns darauf ein-stellen.* München: C. H. Beck.

Cicchetti, D. (2010). Resilience under conditions of extreme stress: A multilevel perspective. *World Psychiatry, 9,* 145–154.

Coeper, C., Hagen, W., & Thomae, H. (1964). *Deutsche Nachkriegskinder.* Stuttgart: Thieme.

Dührssen, A. (1954). *Psychogene Erkrankungen bei Kindern und Jugendlichen.* Göttingen: Vandenhoeck & Ruprecht.

Eggebrecht, H. H. (1998). *Bachs Kunst der Fuge. Erscheinung und Deutung* (4. Aufl.). Wilhelmshaven: Florian Noetzel.

Elder, G. H. (1974). *Children of the great depression: Social change in life experience.* Chicago: University of Chicago Press.

© Springer Fachmedien Wiesbaden 2015
A. Kruse, *Resilienz bis ins hohe Alter – was wir von Johann Sebastian Bach lernen können,* essentials, DOI 10.1007/978-3-658-08333-5

Erikson, E. H. (1998). *The life cycle completed. Extended version with new chapters on the ninth stage by J. M. Erikson.* New York: Norton.

Fletcher, D., & Sarkar, M. (2013). Psychological resilience: A review and critique of definitions, concepts, and theory. *European Psychologist, 18,* 12–23.

Frankl, V. (2005). *Der Wille zum Sinn* (1. Aufl. 1972). Bern: Huber.

Gaines, J. R. (2008). *Das musikalische Opfer. Johann Sebastian Bach trifft Friedrich den Großen am Abend der Aufklärung.* Frankfurt a. M.: Eichborn.

Glöckner, A. (2008). *Kalendarium zur Lebensgeschichte Johann Sebastian Bachs.* Berlin: Evangelische Verlagsanstalt.

Greve, W., & Staudinger, U. M. (2006). Resilience in later adulthood and old age: Resources and potentials for successful aging. In D. Cicchetti & D. J. Cohne (Hrsg.), *Developmental Psychopathology* (Bd. 3, S. 796–840). Hoboken: Wiley.

Heckhausen, J., Dixon, R. A., & Baltes, P. B. (1989). Gains and losses in development throughout adult-hood as perceived by different adult age groups. *Developmental Psychology, 25,* 109–121.

Kruse, A. (2007). *Das letzte Lebensjahr. Die körperliche, psychische und soziale Situation des alten Menschen am Ende seines Lebens.* Stuttgart: Kohlhammer.

Kruse, A. (2012). Sterben und Tod Gerontologie und geriatrie. In M. Anderheiden, & W.U. Eckart. (Hrsg.), Handbuch Sterben und Menschenwürde (Band3).

Laucht, M., Esser, G., & Schmidt, M. H. (1999). Was wird aus Risikokindern? Ergebnisse der Mannheimer Längsschnittstudie im Überblick. In G. Opp, M. Fingerle, & A. Freytag (Hrsg.), *Was Kinder stärkt. Erziehung zwischen Risiko und Resilienz* (S. 71–93). München: Reinhardt.

Lawton, M. P., Moss, M., Hoffman, C., Grant, R., Ten Have, T., & Kleban, M. (1999). Health, valuation of life, and the wish to live. *Gerontologist, 39,* 406–416.

Levinson, D. (1986). A conception of adult development. *American Psychologist, 41,* 3–13.

Lösel, F., & Bender, D. (1999). Von generellen Schutzfaktoren zu differentiellen protektiven Prozessen: Ergebnisse und Probleme der Resilienzforschung. In G. Opp, M. Fingerle, & A. Freytag (Hrsg.), *Ergebnisse und Probleme der Resilienzforschung* (S. 37–58). München: Ernst Reinhardt Verlag.

Luther, H. (1992). *Religion und Alltag. Bausteine zu einer Praktischen Theologie des Subjekts.* Stuttgart: Radius.

Maas, H. S. (1963). Longterm effects of early childhood separation and child care. *Vita Humana, 6,* 34–56.

Müller-Busch, H. C. (2012). *Abschied braucht Zeit – Palliativmedizin und Ethik des Sterbens.* Berlin: Suhrkamp.

Rentsch, T. (2012). Ethik des Alterns: Perspektiven eines gelingenden Lebens. In A. Kruse, T. Rentsch, & H.-P. Zimmermann (Hrsg.), *Gutes Leben im hohen Alter. Das Altern in seinen Entwicklungsmöglichkeiten und Entwicklungsgrenzen verstehen* (S. 63–72). Heidelberg: Akademische Verlagsgesellschaft.

Rueger, C. (2003). *Wie im Himmel so auf Erden. Die Kunst des Lebens im Geist der Musik – das Beispiel Johann Sebastian Bach.* Genf: Ariston-Verlag.

Rutter, M. (1990). Psychosocial resilience and protective mechanisms. In J. Rolf, A.S. Masten, D. Cicchetti, K. H. Nuechterlein, & S. Weintraub (Hrsg.), *Risk and protective factors in the development of psychopathology* (S. 181–214). Cambridge: Cambridge University Press.

Rutter, M. (2008). Developing concepts in developmental psychopathology. In J.J. Hudziak (Hrsg.), *Developmental psychopathology and wellness: Genetic and environmental influences* (S. 3–22). Washington, DC: American Psychiatric Publishing.

Seneca, A. (58/1980). *De tranquillitate animi – Von der Seelenruhe des Menschen. Übertragen und herausgegeben von Heinz Berthold.* Frankfurt a. M.: Insel.

Staudinger, U., Marsiske, M., & Baltes, P. B. (1995). Resilience and reserve capacity in later adulthood: Potentials and limits of development across the life span. In: D. Cicchetti & D. J. Cohen (Hrsg.), *Developmental psychopathology, Vol. 2: Risk, disorder, and adaptation* (S. 801–847). New York: Wiley.

Stern, W. (1923). *Die menschliche Persönlichkeit* (Bd. 2, Person und Sache). Leipzig: Barth.

Thoene, H. (1994). Johann Sebastian Bach. Ciaccona – Tanz oder Tombeau? Verborgene Sprache eines berühmten Werkes. *Cöthener Bach-Hefte, 6*, 15–81.

Thoene, H. (2003). *Ciaccona – Tanz oder Tombeau? Eine analytische Studie.* Oschersleben: dr. ziethen verlag.

Welter-Endelin, R., & Hildenbrand, B. (Hrsg.). (2012). *Resilienz – Gedeihen trotz widriger Umstände* (4. Aufl.). Heidelberg: Carl Auer.

Werner, E. (1971). *The children of Kauai: A longitudinal study from the prenatal period to age ten.* Honolulu: University of Hawaii Press.

Werner, E. (2001). *Unschuldige Zeugen. Der Zweite Weltkrieg in den Augen von Kindern.* Hamburg: Europa Verlag.

Werner, E. E., & Smith, R. S. (1982). *Vulnerable but invincible: A study of resilient children.* New York: McGraw-Hill.

Werner, E. E., & Smith, R. S. (2001). *Journeys from childhood to midlife: Risk, resiliency, and recovery.* Ithaca: Cornell University Press.

Wolff, Ch. (1986). Bachs Spätwerk. Versuch einer Definition. In Stadt Duisburg (Hrsg.), Johann Sebastian. *Bach Spätwerk und Umfeld.* (S. 104–111). Dusiburg: Stadt Dusiburg.

Wolff, Ch. (2009). *Johann Sebastian Bach* (3. Aufl.). Frankfurt a. M.: Fischer.

Lesen Sie hier weiter

Andreas Kruse

**Die Grenzgänge
des Johann Sebastian Bach**
Psychologische Einblicke

2. Aufl. 2014, XIV, 367 S., 20 Abb.,
Hardcover: € 24,99
ISBN 978-3-642-54626-6

Änderungen vorbehalten.
Erhältlich im Buchhandel oder beim Verlag.

Einfach portofrei bestellen:
leserservice@springer.com
tel +49 (0)6221 345-4301
springer.com

Printed by Printforce, the Netherlands